Matto Barfuss

MALEIKA

Das bewegende Leben einer Gepardin in der Savanne

Matto Barfuss

MALEIKA

Das bewegende Leben einer Gepardin in der Savanne

riva

Bibliografische Information der Deutschen Nationalbibliothek:
Die Deutsche Nationalbibliothek verzeichnet diese Publikation in der Deutschen Nationalbibliografie.
Detaillierte bibliografische Daten sind im Internet über http://dnb.d-nb.de abrufbar.

Für Fragen und Anregungen:
info@rivaverlag.de

Originalausgabe
1. Auflage 2017

© 2017 by riva Verlag, ein Imprint der Münchner Verlagsgruppe GmbH,
Nymphenburger Straße 86
D-80636 München
Tel.: 089 651285-0
Fax: 089 652096

Text und Redaktion: Annett Stütze in Zusammenarbeit mit Matto Barfuss
Umschlaggestaltung: Laura Osswald
Umschlagabbildungen: © Matto Barfuss; Shutterstock/xpixel
Abbildungen Innenteil: Shutterstock/tawatchai.m; Shutterstock/imagevixen; Shutterstock/xpixel; Shutterstock/Olga_C
Fotografien Innenteil: © Matto Barfuss
Layout: Manuela Amode
Satz: inpunkt[w]o, Haiger (www.inpunktwo.de)
Druck: Firmengruppe APPL, aprinta Druck, Wemding
Printed in Germany

ISBN Print: 978-3-7423-0381-3
ISBN E-Book (PDF): 978-3-95971-900-1
ISBN E-Book (EPUB, Mobi): 978-3-95971-901-8

Weitere Informationen zum Verlag finden Sie unter:

www.rivaverlag.de

Beachten Sie auch unsere weiteren Verlage unter: www.m-vg.de

INHALT

EINLEITUNG

Matto Barfuss ist ein außergewöhnlicher Tierfilmer, der ein Kunststück vollbrachte, von dem viele nur träumen können: Seit 1995 hat er über 85 Mal den afrikanischen Busch erkundet. Insgesamt verbrachte er dabei mehr als 11 Jahre in der Wildnis. Er wurde berühmt als der »Gepardenmann«, weil er monatelang unter einer wilden Gepardenfamilie in der Serengeti lebte. Auf allen vieren zog er mit ihnen durch die Steppe. So gelangen ihm unglaublich intensive Tieraufnahmen, die den Zauber der wilden Tiere einfangen und sie uns ganz nahe erleben lassen.

Die Gepardin Maleika hat Matto Barfuss vier Jahre lang begleitet. Immer wieder reiste er nach Afrika, lebte für Wochen oder sogar Monate an ihrer Seite, begleitete sie auf der Jagd, beobachtete, wie liebevoll die Gepardin ihre Jungen aufzog; und war hautnah bei vielen ihrer Abenteuer im Alltag der Masai Mara dabei. Diese Abenteuer waren für Maleika manchmal ein echter Kampf ums Überleben. Beispielsweise als sie ihre Jungen gegen ein Löwenrudel verteidigen

musste. Matto Barfuss erlebte auch, wie vier der sechs Jungtiere ums Leben kamen. Nur Majet und Martha trotzten tapfer der schonungslosen Natur der Savanne und gewannen schließlich den harten Kampf ums Überleben. Das nun erwachsene Gepardenmädchen Martha gründete ebenfalls eine Familie. Und auch Maleika bekam mit 14 Jahren ein weiteres Mal zwei Jungtiere.

Das Leben in der afrikanischen Savanne birgt viele Herausforderungen – für den Filmer Matto Barfuss ebenso wie für die Geparden, deren Lebensraum von Jahr zu Jahr stärker bedroht ist. Nach aktuellen Schätzungen aller Experten leben noch rund 7000 Geparden in der freien Natur.

Lernen Sie Maleika und ihre kleine Familie in diesem Buch näher kennen, folgen Sie Matto Barfuss auf seinen aufregenden Safaris durch die kenianische Halbwüste, die Masai Mara.

ÜBER MATTO BARFUSS

Matto Barfuss wurde 1970 ins Sinsheim geboren. Seine Liebe gilt den wilden Tieren Afrikas. Sie stehen im Mittelpunkt seiner künstlerischen Arbeit als Maler, Fotograf und Filmemacher.

Als Künstler ist es ihm ein Anliegen, allen Menschen die Wildtiere Afrikas und vor allem auch ihre bedrohte Lage näherzubringen. Er begleitet die afrikanischen Tiere und hält sie in Fotos und Filmen fest. Neben Geparden hat er zudem beeindruckende Aufnahmen von Löwen, Berggorillas und anderen faszinierenden Geschöpfen gemacht. Durch seine Nähe zu den wilden Tieren gelingen ihm anrührende, emotionale Aufnahmen, die uns in eine fremde Welt entführen. Sein Ziel ist es, unseren Blick für die Welt der Tiere zu schärfen – denn nur, was man kennt, kann man auch schützen. Mit

dieser Absicht setzt sich Matto Barfuss auch für die Bildung von Kindern in afrikanischen Ländern ein: Initiiert von ihm und unterstützt durch verschiedene Spendenprogramme, gibt er Lehrwerke heraus, die afrikanischen Kindern die heimische Tierwelt erklären. Denn anders, als man glaubt, haben diese Kinder oft wenig Kenntnis von der faszinierenden und zugleich bedrohten Tierwelt in ihren eigenen Ländern.

Mit seinen Büchern und dem Kinofilm wendet sich Matto Barfuss an ein internationales Publikum, denn Umweltschutz ist schon längst keine regionale Angelegenheit mehr. Die bedrohten Habitate der selten gewordenen Tiere können nur durch globale Anstrengungen geschützt werden.

Ein Filmtag im Busch

Matto Barfuss, der seinen Hauptwohnsitz in Süddeutschland hat, verbringt jährlich mehrere Monate in Afrika, wo er »seinen Wildtieren« auf der Spur ist. Jede Safari und jede Filmtour muss gut vorbereitet sein, denn die Tage im Busch sind lang und kräftezehrend. Da Matto Barfuss den Geparden so nahe kommt, arbeitet er nur mit einem sehr kleinen Team, bestehend aus insgesamt sechs Leuten. Sein Fahrer und seine Kamerafrau begleiten ihn bei den Tagestouren. Im Basislager unterstützen ihn ein Koch, ein Assistent sowie sein Campmanager, der sich um alle vor Ort anfallenden Probleme kümmert.

Ein Filmtag beginnt sehr früh. Bereits um 4:45 Uhr klingelt der Wecker, also noch vor Sonnenaufgang. Zuerst wird das Filmauto geprüft: Ist alles noch in Ordnung? Die Offroadtouren durch die Steppe fordern ihren Tribut. Ist etwas kaputtgegangen, muss es repariert werden, Benzin und Kühlwasser müssen nachgefüllt werden. In der Savanne, wo es kilometerweit keine Siedlungen und vor allem nur an wenigen Stellen Wasser gibt, die Temperaturen tagsüber bis auf über 35 Grad klettern und sich Raubtiere schwache Opfer suchen, könnte es lebensgefährlich sein, mit einer Panne liegenzubleiben. Ist alles in Ordnung, wird gefrühstückt und zusammengepackt, um 5:30 Uhr ist Abfahrt. Jetzt wird die Gepardenfamilie gesucht. Je nachdem, wie lange das Team am Vorabend bei Maleika war, und je nachdem, wann diese weitergezogen ist, finden sie die Gepardin und ihre

Jungtiere schnell oder erst nach intensiver, mehrstündiger Suche. Geparden haben ihren eigenen Rhythmus, der weitgehend von den Beutetieren bestimmt wird. Jeden Abend suchen sie sich einen sicheren Schlafplatz, von dem sie einen guten Überblick haben. Normalerweise bewegt sich Maleika mit ihren Jungen nachts nicht vom Fleck – außer eine Bedrohung schreckt sie auf. In der Morgendämmerung beginnen die Geparden ihren Tag mit der Fellpflege oder mit der Jagd, sofern Beute in Sicht ist. Während andere Geparden bereits im Morgengrauen auf die Pirsch gingen, ließ Maleika es oft ruhiger angehen – eine Erleichterung für Matto Barfuss, der die kleine Familie so schneller wiederfand.

Den Tag verbringt Matto Barfuss mit den Geparden – er zieht mit ihnen umher, immer die Kamera in der Hand und jederzeit für Aufnahmen bereit. Das Filmauto folgt in einigem Abstand, nahe genug, um die Raubkatzen nicht aus den Augen zu verlieren, und weit genug, um die Geparden nicht zu beeinträchtigen. Diese Tage sind anstrengend, denn die Sonne brennt heiß, Schatten gibt es kaum. Und auch wenn die Geparden die Anwesenheit von Matto Barfuss tolerierten – Rücksicht nahmen sie bei ihren täglichen Wanderungen nicht auf ihn. Was für einen Geparden ein Spaziergang ist, wird für einen Menschen schnell zur strapaziösen Tour. Kilometerweit führt die Gepardin ihre Familie durch die hügelige Savannenlandschaft,

Gegen 18:30 Uhr geht in diesen Breitengraden die Sonne unter. Zeit für Maleika, einen Schlafplatz zu suchen. Je länger Barfuss bei ihr bleibt, desto sicherer weiß er, wo sie übernachtet. Allerdings muss er dann den Weg ins Filmcamp im Dunkeln zurücklegen. Offroad durch die wilde Savanne. Eine Herausforderung für Fahrer und Beifahrer, ein Härtetest fürs Auto.

Gegen 19 Uhr erreicht die Crew wieder das Basiscamp, wo zunächst einmal alle Akkus aufgeladen werden. Strom kann das Team über Solarzellen erzeugen, auch Generatoren gehören zur Ausrüstung. Dann wird das wichtigste Arbeitsgerät, die Kamera, gereinigt und mit der Sichtung der Daten begonnen. Der Koch bereitet das Abendessen vor, die Crew kümmert sich um alle Angelegenheiten im Camp. Kurz nach 21 Uhr gibt es Abendessen. Vorher beginnt Matto Barfuss jedoch schon mit der Übertragung der Daten auf die erste Festplatte. Das dauert 3 bis 4 Stunden, ist also gegen 1 Uhr nachts abgeschlossen. Für diese Zeit stellt sich Matto Barfuss den Wecker das erste Mal, denn gegen 23:30 Uhr beginnt die Nachtruhe. Um 1 Uhr werden die Festplatten gewechselt und die zweite Runde der Datenübertragung beginnt: Alle Daten werden doppelt gesichert, also auf einem zweiten Festplattenset gespeichert. Um 4:45 Uhr klingelt der Wecker ein weiteres Mal: Dann beginnt ein neuer Tag in Maleikas Welt.

Eine solche Tour ist sehr anstrengend und kräftezehrend. Länger als ein paar Wochen kann das keiner durchhalten. Zurück in Deutschland bewegt sich das Leben des Filmemachers wieder in einem etwas gemächlicheren Rhythmus. Allerdings hält dieser meist nicht lange an: Die Sehnsucht nach den faszinierenden Wildtieren der Savanne zieht Matto Barfuss immer wieder zurück nach Afrika.

Der lange Weg zum fertigen Film

Bei einem Tierfilm, der in der Wildnis gedreht wird, ist es nicht nur die technische Ausrüstung, die immer perfekt vorbereitet, gepflegt oder repariert werden muss. Auch Matto Barfuss bereitet sich physisch und mental auf die Filmaufnahmen vor. Die Tage in der Savanne sind lang, die Nächte kurz und die unglaubliche Hitze, der Staub und das ewige Warten zehren an den Kräften. Geparden sind Wildtiere, sie leben in ihrem eigenen Rhythmus und nach ihrem Geschmack. Bewegende Momente einzufangen erfordert ständige Aufmerksamkeit und Präsenz, denn eine Szene wiederholt sich nie. Verpasst man einen Augenblick, entgeht einem eine Aufnahme, und der Moment ist unwiderruflich vorüber. Gerade bei den Bewegungen in Höchstgeschwindigkeit während der Jagd – Maleika kann bis zu 120 Kilometer pro Stunde schnell sprinten – ist der Filmemacher gefordert.

Um mit der Kamera schöne Effekte und an die Situation angepasste Bildschärfen zu erzielen, bedient Matto Barfuss die Kinokamera komplett manuell. Mit der rechten Hand reguliert er die Belichtung, mit der linken die Schärfe und mit beiden Händen die Kameraführung. 47 vollständige Jagdszenen konnte er so im Laufe der Zeit aufnehmen. Am Ende lagen der Crew 240 Stunden Videomaterial und unzählige Fotos vor. Die Herausforderung bestand nun darin, die besten Momente herauszufiltern, um Maleikas Geschichte in einem Film zu erzählen. Die Auswahl war alles andere als leicht, denn jede Szene und jedes Bild hat eigene Reize.

WILLKOMMEN IN MALEIKAS WELT

Wo liegt die Serengeti

Im Herzen Afrikas, wo die Sonne unbarmherzig brennt und das Leben sich am Kreislauf der seltenen Regenfälle orientiert, liegt die Serengeti. Dieses Steppengebiet umfasst beinahe 30 000 km² und ist damit fast so groß wie Baden-Württemberg. Der Großteil des Gebietes gehört zu Tansania, der Norden und die Gebiete der Masai Mara gehören zu Kenia. In diesem Gebiet zogen früher die Krieger der Massai umher. Mit ihren Rinder- und Ziegenherden folgten sie den Gnuherden. Deren Dung sollte das Land fruchtbar machen, so besagt es eine Legende dieser Volksgruppe.

Heute ist die Serengeti ein Nationalpark, in dem landwirtschaftliche Nutzung untersagt ist. Die eir st stolzen Krieger der Massai leben inzwischen weitgehend sesshaft in den großen Städten von Kenia oder Tansania. Trotzdem kann der Mensch zur Bedrohung für die Wildtiere werden. Für Trophäenjäger und Wilderer sind sie eine verlockende Einnahmequelle.

Der Naturpark Serengeti wird von einer Pufferzone aus Schutzgebieten umrahmt: im Südwesten das Mazwa-Wildschutzgebiet, im Nordwesten das Grumeti-Schutzgebiet, das Ikonorogo , das Ngorongoro im Südosten und das Loliondo-Schutzgebiet.

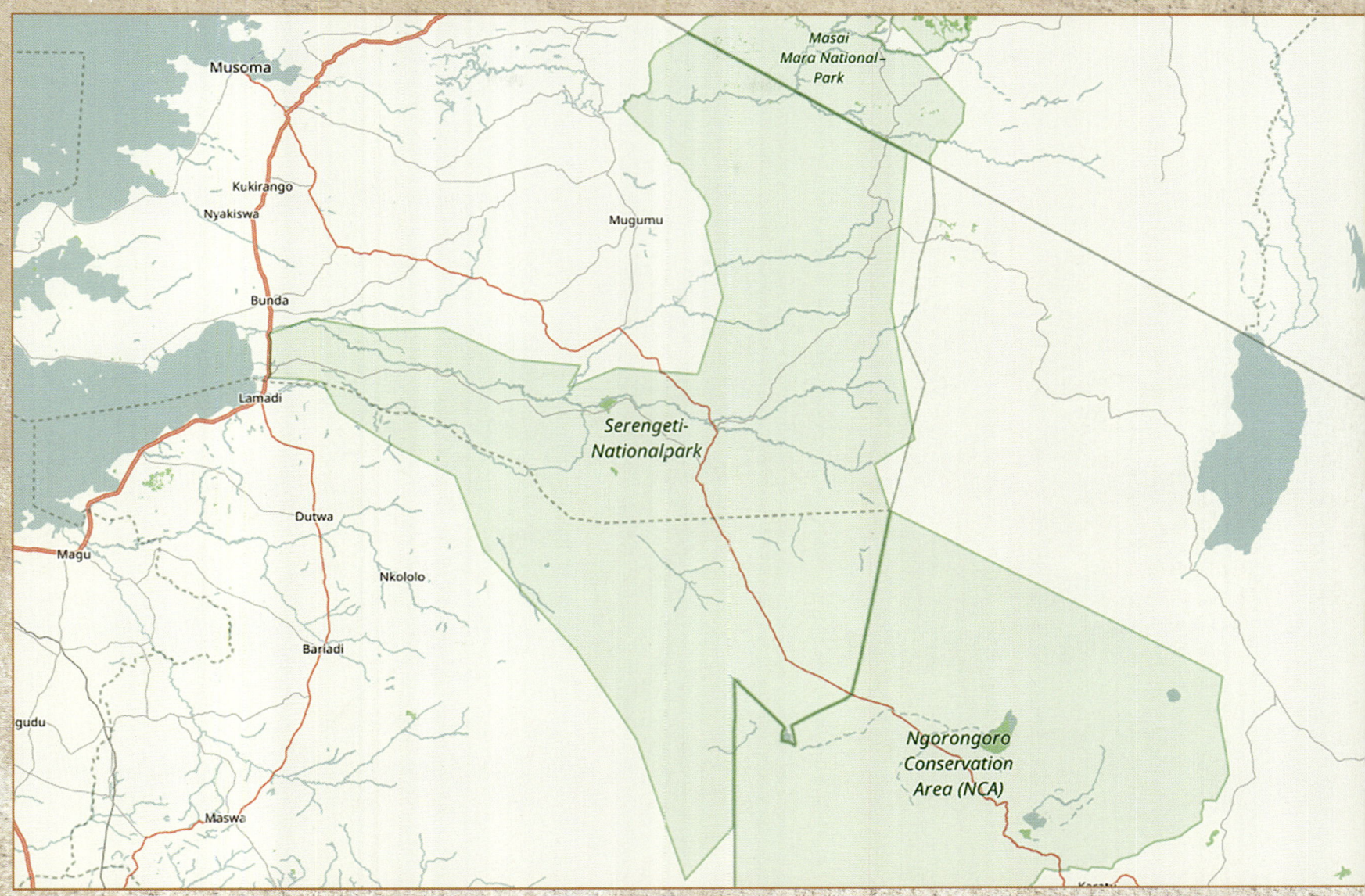

© OpenStreetMap-Mitwirkende

Maleika hielt sich zumeist in der Masai Mara auf, dem nördlichen Teil der Serengeti. Dieses etwa 1600 km² große Gebiet gehört zu Kenia und ist seit 196? ein Nationalpark. Die Masai Mara ist eines der tierreichsten Gebiete – sowohl was die Anzahl als auch die Artenvielfalt angeht. Ihren Namen verdankt die Masai Mara dem früher hier lebenden Volk der Massai sowie auch dem Mara-Fluss. Sie liegt etwa 1600 Meter über dem Meeresspiegel, die Berge erreichen Höhen von bis zu 2200 Metern. Nachts sowie während der Regenzeit kann es also aufgrund der hohen Lage empfindlich kühl werden.

Sonne, Wind und Regen –
Die Wetterlage der Serengeti

Serengeti ist ein Name, der sich für uns nach Weite, Ursprünglichkeit und wilden Tieren anhört und doch im Grunde auf einem Hörfehler beruht. In der Sprache der dort lebenden Massai heißt sie Siringit, die »endlose Weite«. Ein passender Name für die schier unendlichen Grasebenen, die sich in der langen Trockenzeit in staubige Steppenlandschaften verwandeln. Anders als in unseren Breitengraden, wo vier Jahreszeiten das Werden und Vergehen im Jahreskreislauf markieren, unterscheidet man im Herzen Afrikas nur Trockenzeiten und Regenzeiten. Pro Jahr gibt es zwei Regenzeiten. Die sogenannte große Regenzeit dauert von Mitte März bis Ende Mai oder Anfang Juni. Während dieser Zeit regnet es oft mehrere Tage ununterbrochen. Die kleine Regenzeit ist deutlich kürzer, nämlich von Anfang November bis Mitte Dezember. Dann regnet es ungefähr alle ein bis zwei Tage für etwa eine Stunde. Nach diesen grauen und trüben Zeiten verwandelt sich die goldbraune Savanne in ein wogendes grünes Meer.

Klimawechsel

Doch der Klimawandel und die Klimaschwankungen verschonen auch die afrikanischen Steppengebiete nicht. Konnte man früher relativ sicher mit der Regenzeit von Ende März bis Juni rechnen, so hat sich in den letzten Jahren alles verschoben und verändert. Die fragilen Kreisläufe der Natur drohen aus dem Gleichgewicht zu geraten. Für Matto Barfuss und seine Filmcrew geriet so die Zeitplanung durcheinander. Rechnete er teilweise mit den grünen Weiden der Nachregenzeit, erwartete ihn nur dürre Steppe. Dann musste er logistisch umplanen: Die Tiere waren nicht dort, wo er sie erwartet hatte, sodass sich dann eine tagelange, wenn nicht gar wochenlange Suche anschloss.

Andererseits bedeutete es aber auch, dass es noch regnete, wenn kalendarisch die Regenzeit eigentlich hätte vorbei sein sollen. Bei über 30 Grad war das feuchtwarme Klima dann eine echte Herausforderung für die Technik, denn Staub, Feuchtigkeit oder Schimmel greifen auch die besten Geräte an.

Die Tiere der Serengeti

Unzählige Tiere leben in der Serengeti: Von Masaigiraffen über Steppenelefanten, von Flusspferden bis Nilkrokodilen, Kronenkranichen, Geiern, Hyänen, Wildhunden über Hasen bis hin zu Klippschliefern, um nur einige zu nennen. Geparden sind Teil eines vielfältigen und artenreichen Ökosystems in einem der wenigen unberührten Lebensräume der Welt.

RAUBTIERE

Im Gegensatz zu den Geparden, die tagsüber unterwegs sind, jagen Löwen, Hyänen und Leoparden eher nachts. Geparden kommen ihnen so nur selten ins Gehege. Trotzdem kommt es immer wieder zu Begegnungen – und diese können für Maleika und ihre Jungen sehr gefährlich werden.

LÖWEN: Diese großen Raubkatzen leben in Rudeln zusammen, wobei meist die Weibchen jagen. Für Geparden sind sie gefährlich, weil sie ihnen gern die Beute wegschnappen – nach der Jagd haben Geparden in der Regel keine Chance, sich gegen Löwen zu behaupten. Außerdem sehen Löwen die Geparden als Fressfeinde an und beißen ihre Jungen tot.

HYÄNEN: Es gibt verschiedene Arten von Hyänen. In der Masai Mara leben Tüpfelhyänen. Charakteristisch für Hyänen ist der schräg nach unten abfallende Rücken. Sie fressen Aas und machen Geparden gern die Beute streitig. Für Gepardenbabys sind sie eine lebensbedrohliche Gefahr.

SCHAKALE: Schakale gehören zur Familie der Wildhunde. Sie jagen gern nachts oder in den Dämmerstunden. Um Geparden machen sie eigentlich einen Bogen, außer die Geparden sind verletzt. Dann wittern die angriffslustigen Schakale leichte Beute. Und auch sie jagen Geparden gern die Beute ab.

NILKROKODILE: Sie lassen jede Flussüberquerung für Maleika und ihre Jungen zum tödlichen Risiko werden. Hauptsächlich ernähren sich die drei bis vier Meter großen Tiere von Fischen, doch wenn Säugetiere den Fluss überqueren und ihnen so vor die »Schnauze« kommen, schnappen sie zu. Selbst Gnus oder Zebras ziehen sie dann unter Wasser, halten sie fest, bis die Tiere tot sind, und fressen sie. Die leichtgewichtigen Geparden sind für sie ebenfalls leichte Beute – zumindest solange sie im Wasser schwimmen.

BEUTETIERE

Geparden jagen am liebsten leichte Beutetiere wie junge Gazellen oder Antilopen. Zu den bei Geparden beliebtesten Antilopen gehören die Impalas, Springböcke und Riedböcke. Eine erfahrene Gepardin wie Maleika wagt sich jedoch auch an Gnus oder Zebras.

THOMSONGAZELLE: Sie sind eine beliebte Jagdbeute für Geparden. Diese flinken Tiere, die vornehmlich in der Serengeti zu Hause sind, erreichen Geschwindigkeiten von 90 Kilometern pro Stunde. Die Weibchen leben in kleinen Gruppen mit etwa 60 Tieren zusammen.

IMPALA: Impalas sind 40 bis 65 Kilogramm schwer. Die Weibchen leben mit den Jungtieren in Gruppen zusammen. Die Männchen haben je nach Art geschwungene Hörner, mit denen sie sich zur Wehr setzen können. Für die Geparden sind diese Hörner eine große Gefahr, sie können bei einem Kampf lebensbedrohliche Verletzungen hinterlassen.

RIEDBOCK: Eine Zeit lang Maleikas Lieblingsspeise – die Männchen mit ihren bis zu 50 Zentimeter langen Hörnern leben allein, die Weibchen in Gruppen mit bis zu zehn Tieren. Spüren sie einen Feind in der Nähe, verharren sie reglos und springen dann überraschend auf, um pfeifend davonzurennen. So warnen sie ihre Artgenossen.

WARZENSCHWEINE: Sie wirken wie Wildschweine mit einem etwas zu groß geratenen Kopf, auf dem noch dazu große Warzen prangen. Sie sind überaus wehrhafte Tiere, die bis zu 150 Kilogramm schwer werden. Maleikas Jungen wagen sich gelegentlich an Warzenschweine – doch sie sind chancenlos gegen diese Kolosse.

ZEBRA: Zebras sind Verwandte der Wildpferde und etwa so groß wie diese, jedoch mit einem eindrucksvollen Streifenmuster versehen. Das Muster bildet eine gute Tarnung: Wenn die Tiere in Gruppen zusammenstehen, kann man die Kontur des einzelnen Tieres nur schwer erkennen. Ausgewachsene Tiere werden zwischen 180 und 450 Kilogramm schwer – sie sind also deutlich schwerer und massiger als Geparden. Nur ein erfahrender Gepard kann ein Zebra erlegen!

FRIEDLICHE KOEXISTENZ

STEPPENELEFANTEN: Die bis zu 3,5 Meter großen Elefanten zählen wohl mit zu den eindrucksvollsten Tieren Afrikas und gehören zu den größten lebenden Landtieren. Sie leben in Herden mit einem interessanten Sozialgefüge zusammen – an Geparden ziehen sie weitgehend desinteressiert vorbei.

MASAIGIRAFFEN: Noch ein Tier der Superlative: Die Männchen werden bis zu sechs Meter hoch – Tiere mit echtem Weitblick also. Über Geparden sehen sie in der Regel freundlich hinweg, falls sich die Wege kreuzen.

GEPARDEN ALS HAUSTIERE

Geparden faszinierten die Menschen schon lange, und was dem Menschen gefällt, das möchte er haben. So war es auch mit den Geparden: Immer wieder wurden sie gefangen, gezähmt und als Haustiere gehalten.

Die erste Gepardenbesitzerin war wohl 1550 v. Chr. die berühmte Pharaonin Hatschepsut, die bereits im alten Ägypten Geparden an ihrem Hof hielt. Auch Alexander der Große war von den eleganten Tieren begeistert und ließ sich von den Eroberungszügen ein paar Geparden mitbringen. Kaiserin Poppaea, Gattin von Nero, flanierte um 30 n. Chr. mit zwei angeleinten Geparden durch die Alleen Roms, was wohl so einige römische Adlige bei der Wahl ihrer Haustiere inspirierte. Doch neben den römischen Adligen leisteten sich auch indische Moguln oder europäische Königshäuser den einen oder anderen Hausgeparden, bei Mogul Akbar waren es wohl gleich ein paar Tausend. In Deutschland gilt derzeit die Regel, dass man Tiere artgerecht halten muss. Und als Haustiere eignen sich Geparden nun wirklich nicht.

Die Geschichte der Serengeti

Die Serengeti zählt zu den ältesten Ökosystemen unserer Erde: Schon seit Menschengedenken ziehen die Gnuherden im Rhythmus der Regenzeiten von Süden nach Norden und wieder zurück. Sie bleiben ihren Wanderrouten treu, ganz gleich, welche Hindernisse sich ihnen in den Weg stellen: trockene Landstriche, reißende Flüsse, hungrige Krokodile. Unbeirrbar wandern sie umher, begleitet von Zebras, Antilopen und Gazellen.

Die Wiege der Menschheit

Diese Wanderung der Tierherden stellte auch für Menschen ein günstiges Umfeld dar – und vermutlich ist auch dies einer der vielen Orte, an dem die Menschheit ihren Ursprung hatte. Im Süden der Serengeti, in der Olduvai-Schlucht, wurde ein 2 Millionen Jahre alter Nachweis menschlicher Siedlungsgeschichte entdeckt. Es handelt sich um den Schädel eines »Nussknackermenschen«, die älteste Form des *Homo sapiens*. Später fand man ebenso Überreste eines *Homo habilis*, die auf 1,75 Millionen Jahre geschätzt werden. Und die Siedlungsgeschichte ging weiter: 1913 fand man einen rund 20 000 Jahre alten Schädel eines *Homo sapiens*, jener Gattung von Hominiden, zu denen auch wir gehören. Aufregend sind zudem die Funde fossiler Fußspuren, die Laetoli-Footprints: Sie bezeugen, dass unsere menschlichen Vorfahren bereits vor 3,5 Millionen Jahren aufrecht gingen.

Und noch etwas belegen fossile Knochenfunde: Geparden gab es ebenfalls schon zu dieser Zeit.

Vom Weideland zum Biosphärenreservat

Naturvölker wie die Massai lebten schon immer in der Serengeti. Im Einklang mit der Natur trieben sie ihre Herden hinter den Gnuherden her, sie waren mit dem Land und den dort lebenden Tieren auf eine tiefe, innere Art verbunden.

Das alles änderte sich im 19. Jahrhundert, als die Region von den Europäern kolonialisiert wurde und Großwildjäger die Tierbestände radikal dezimierten: Bis zu 200 Löwen wurden täglich geschossen, eine Demonstration von Macht und Überlegenheit. Um dem Einhalt zu gebieten, wurde die Serengeti 1929 zum Wildreservat erklärt und 1951 gründete die Regierung von Tansania den Nationalpark Serengeti. Das schützte die Tiere, entzog aber den Massai die Lebensgrundlage, denn im Nationalpark durften ihre Rinderherden fortan nicht mehr weiden. 1959 sollte deshalb das Gebiet um den Ngorongoro-Krater abgetrennt und zum Wildschutzgebiet erklärt werden. Für die Massai hätte das zwar die Nutzung ihrer alten Weideflächen bedeutet, für die unzähligen Tiere auf ihrer Wanderung wäre dieser Krater aber ein unüberwindbares Hindernis. Würden die Wanderrouten der

Wildtiere unterbrochen, käme es zur Überweidung der übrigen Flächen und damit zu einem massenhaften Tiersterben.

Um auf diese Gefahr hinzuweisen, dokumentierten Michael und Bernhard Grzimek erstmals die Tierwanderungen durch das Serengeti-Gebiet aus der Luft und machten auf die möglichen Folgen der Landabtrennung in ihrem Film *Serengeti darf nicht sterben* aufmerksam, für den sie 1960 mit einem Oscar ausgezeichnet wurden. Der Film fand große Resonanz,

von den Plänen zur landwirtschaftlichen Nutzung wurde abgesehen. Ab 1975 verbannte Tansania sämtliche Agrarkultur aus dem Ngorongoro-Gebiet, seit 1981 zählt die Serengeti zum UNESCO-Weltnaturerbe und zum Biosphärenreservat: Es ist einer der letzten Orte auf unserer Erde, wo große Wanderungen der Tiere über weite Gebiete noch möglich sind. Diese unglaublich weiten und regelmäßigen Tierwanderungen werden deshalb auch von vielen als Weltnaturwunder angesehen.

Die Serengeti heute

Jährlich lockt die Serengeti Zehntausende von Touristen an. Das ist eine Bereicherung für die Region, fast 600 000 Menschen leben in der strukturschwachen Gegend vom Tourismus. Gleichzeitig stellt diese Entwicklung eine große Belastung für die Region

dar: Die für die Touristen notwendige Infrastruktur, wie Straßen durch die Serengeti, Lodges und Hotels, beeinträchtigen den Lebensraum der Tiere. Kompromisse in diesem fragilen Gleichgewicht müssen also tagtäglich gefunden und neu ausbalanciert werden.

KAPITEL 2

MALEIKA UND IHRE JUNGEN

Wer ist Maleika?

1996 lebte Matto Barfuss mehrere Wochen mit einer Gepardenfamilie in der Serengeti. Er freundete sich mit den Tieren an und wurde ein akzeptiertes Mitglied der Familie. Die Mutter der ersten Gepardenfamilie, die er in den 90er-Jahren traf, nannte er Diana. Er begleitete sie und ihre Jungtiere über mehrere Wochen. Junge Geparden adaptieren das Verhalten ihrer Mutter, und da Diana Menschen gegenüber sehr aufgeschlossen und zutraulich war, wurde Matto Barfuss sozusagen als Familienmitglied von ihr und ihren Jungtieren akzeptiert. Eines dieser Jungtiere war Dione, Dianas Tochter.

Matto Barfuss traf Dione in den darauffolgenden Jahren mehrfach in der Serengeti. Er lernte auch ihre Jungtiere kennen und vermutet, dass Maleika aus der Abstammungslinie von Diana kommt, möglicherweise ist sie eine Enkelin.

Aber nicht alle Geparden, die Matto Barfuss auf seinen Touren traf, waren ihm gegenüber so zutraulich.

Diana ließ sich auf den Menschen ein, ließ sich von ihm berühren oder spielte sogar mit ihm. Andere wahrten Distanz und ließen es zurückhaltend auf ein paar Blicken und kurzen Begegnungen beruhen.

Als Matto Barfuss das erste Mal auf Maleika traf, war ihm sofort klar, dass er hier eine Gepardin mit einem besonders starken Willen und einem ausgeprägten Charakter vor sich hatte. Sofort kam in ihm der Wunsch auf, über sie zu berichten. Zu diesem Zeitpunkt war Maleika 11 Jahre alt und hatte keine Jungen. Sie streifte als einsame Jägerin durch die Steppe. Als der Filmemacher sie im darauffolgenden Jahr erneut traf, hatte sie einen Wurf von sechs Jungtieren – und der Plan, ihr Leben zu filmen, wurde sofort umgesetzt. Fast zwei Jahre lange begleitete Matto Barfuss die Gepardin und ihre sechs Jungtiere Majet, Martha, Marlo, Malte, Mizelèe und Mia auf ihren Streifzügen durch die Masai Mara. Er erlebte, wie vier der Jungtiere starben, beim Verlust von Marlo war er hautnah mit der Kamera dabei.

▲ *Diana*

Dione, Dianas Tochter ▶

Der Körperbau von Geparden

Größe

Körperlänge: 90 bis 150 Zentimeter
Schwanzlänge: 70 bis 80 Zentimeter
Schulterhöhe: 70 bis 80 Zentimeter

Gewicht

Männchen: 50 bis 60 Kilogramm
Weibchen: 35 bis 45 Kilogramm

Körperbau

Geparden haben schlanke Beine, einen schmalen Körper und einen verhältnismäßig kleinen Kopf – die perfekte Statur, um schnell zu rennen.

Schwanz

Am hinteren Teil des Schwanzes haben Geparden vier bis sechs schwarze Ringe, die Spitze ist weiß. Der Schwanz dient als perfektes Steuerruder beim schnellen Lauf.

Augen

Die nach vorn gerichteten Augen ermögliche dreidimensionales Sehen. Wie alle Katzen haben auch Geparden eine lichtreflektierende Schicht auf der Netzhaut, die einfallendes Licht zurückwirft. Dies ist der Grund, warum Katzenaugen im Dunkeln leuchten.

Ohren

Geparden hören extrem gut und um Weiten besser als Menschen. Selbst kleine Käfer können sie durchs Gras krabbeln hören. Hohe Töne nehmen sie besser wahr als tiefe.

Fell

Geparden haben ein goldbraunes Fell mit 2 bis 4 cm großen schwarzen Flecken. Am Bauch ist das Fell cremefarben. Typisch sind die schwarzen Tränenstreifen von den Augen bis zur Nase, die dem Gesicht der Geparden ihr typisches Aussehen verleihen. Wie alle Katzen haben sie an der Schnauze, den Augen und an den Pfoten Tast- bzw. Schnurrhaare, mit denen sie ihre Umgebung noch besser wahrnehmen.

Pfoten

An dem großen Ballen befinden sich vier Krallen. Die fünfte Kralle (der »Daumen«) sitzt leicht zurückgebildet an den Hinterläufen. Junge Geparden können ihre Krallen noch einziehen, bei erwachsenen Geparden funktioniert das nicht mehr.

Wie Spikes am Turnschuh helfen die Krallen Geparden, auch bei hohen Geschwindigkeiten nicht wegzurutschen.

Zähne

Oberkiefer: 6 Schneidezähne, 2 Fangzähne, 6 Vor-backenzähne und 2 Backenzähne

Unterkiefer: 6 Schneidezähne, 2 Fangzähne, 4 Vor-backenzähne und 2 Backenzähne

Zunge

Die Zunge ist trocken und rau. Sie eignet sich perfekt zum Abschaben von Fleisch wie auch zur Fellpflege. Geparden schmecken die Geschmacksrichtungen sauer, bitter und salzig. Zum Trinken wird die Zunge eingerollt und das Wasser »gelöffelt«.

Atmung/Temperatur

Geparden haben keine Schweißdrüsen, das heißt, sie schwitzen nicht, sondern können sich nur über die Atmung kühlen. Deshalb haben sie große Nasenlö-cher und proportional zum Körper besonders große Lungen und Bronchien.

Rekord

Geparden sind echte Sprinter, auf kurzen Strecken werden sie bis zu 120 km/h schnell. Damit gehören sie zu den schnellsten Läufern überhaupt.

Der Besondere

Eine echte Besonderheit sind Königsgeparden. Bei ihnen sind die schwarzen Flecken auf dem Rücken zu Streifen verwachsen. Diese kleine genetische Mutation sorgt für eine extravagante Fellfärbung.

Wie werden kleine Geparden groß?

Kleine Gepardenbabys sind überaus niedlich: Mit großen Pfoten und eindrucksvoller grauer Mähne tapsen Maleikas sechs Jungen tollpatschig durchs Gras und folgen ihrer Mama, wohin auch immer diese geht. Doch bis sie so frei herumtollen können, liegt bereits ein langer Weg hinter ihnen.

Wir wissen nicht, wo genau Mama Maleika ihre Babys bekam: Gepardenmütter verstecken ihre Jungen überaus gut, am liebsten an einem von Büschen und vor neugierigen Blicken verborgenen Ort oder in einer kleinen Höhle. Die Kleinen sind gerade einmal 200 bis 300 Gramm schwer, wenn sie auf die Welt kommen – hören oder gar sehen können sie noch nicht. Sie sind wehrlose kleine Wesen, ganz auf die Hilfe der Mutter angewiesen, bei der sie alle zwei bis drei Stunden trinken – eine anstrengende Angelegenheit für jede Gepardenmutter, die enorme Kraftreserven braucht, um die nahrhafte Muttermilch regelmäßig zu produzieren.

Maleika scheint es sichtlich zu genießen, wenn ihre sechs Jungen an ihrem Bauch liegen und trinken. Willig lässt sie dies immer wieder zu. Dabei behält sie die Umgebung stets wachsam im Auge.

In dieser Zeit ist der wichtigste Sinn für die kleinen Geparden ihr Geruchssinn, mit ihm erkennen sie ihre Geschwister und ihre Mutter. Erst nach fünf bis acht Tagen öffnen sie vorsichtig ihre Augen und blinzeln ein allererstes Mal in die Welt um sie herum.

Und nach zehn Tagen stehen sie das erste Mal auf ihren Pfötchen – ein großer Moment im Leben eines Babygeparden. Doch kaum können die Kleinen stehen, müssen sie auch schon die ersten Schritte tun. Aus Sicherheitsgründen wechselt die Familie nun alle zwei bis drei Tage das Lager. Doch die Kleinen schaffen es kaum, weiter als ein oder zwei Kilometer zu laufen, sie haben noch nicht viel Energie und Ausdauer. Mama Maleika packt ihre Kinder dann sanft im Genick und trägt sie zum nächsten Versteck.

Es ist wichtig, die Kleinen gut zu verstecken, denn in der Steppe lauern viele Gefahren auf sie. Die größte Gefahr sind Löwen oder Hyänen, welche die Jungtiere gnadenlos totbeißen. Und eine Gepardin, auch eine so mutige Mutter wie Maleika, hat kaum eine Chance, ihre Babys zu verteidigen. Etwa 90% der Jungtiere sterben in den ersten drei Monaten ihres Lebens.

In dieser ersten Zeit haben die kleinen Babys ihr Babyfell, ein flauschiges, weiches Fell – schwarz am Bauch und weiß am Rücken. Bald werden sie ihre eindrucksvolle graue Kinderrückenmähne entwickeln. Diese ist im hohen, trockenen Steppengras nicht nur eine gute Tarnung, sondern möglicherweise auch eine gute Täuschung. Von weitem erinnert die borstig-graue Rückenmähne eine wenig an Honigdachse, überaus wehrhafte und angriffslustige Tiere, um die selbst größere Raubtiere lieber einen Bogen machen.

In den ersten Tagen nuckeln die Kleinen nur an Mamas Zitzen die Muttermilch. Wie alle Geparden hat auch Mama Maleika sechs Zitzen. Ihre Milch enthält nicht nur alle Nährstoffe und Vitamine, sondern die Kleinen nehmen über sie auch Abwehrstoffe auf. Etwa in der dritten Lebenswoche brechen die kleinen Milchzähne im Gebiss der Babys durch, ihr bleibendes Gebiss entwickelt sich erst nach etwa acht Wochen. Nach der etwa zehnten Lebenswoche trinken die Kleinen nicht mehr nur ausschließlich die Milch der Mutter, sondern wagen sich an den einen oder anderen Fleischbrocken. Richtig reißen können sie mit ihren winzigen Zähnchen noch nicht, es ist eher ein vorsichtiges Herumknabbern.

In dieser Zeit gilt auch: Mama zuerst. Die Mutter jagt, die Mutter beschützt und die Mutter versorgt die Jungen. Würde ihr etwas zustoßen, hätten die Kleinen keine Überlebenschance. Also gilt: Was immer sie erlegt, sie schlägt sich zuerst den Bauch voll. Wenn es nicht für alle reicht, müssen die Kleinen eben Milch trinken oder hungern. Später wird sich das ändern. Sobald die Jungen jagen können, dürfen sie zuerst fressen – und Mama Maleika muss dafür sorgen, dass sie öfter jagt oder einfach größere Beutetiere erlegt. Evolutionsbiologisch ist das überaus sinnvoll: Die Jungtiere wären nun in der Lage, sich selbst zu versorgen und folglich Nachwuchs zu bekommen. Für die Erhaltung der Art könnten sie also wertvoller sein.

Die ersten drei Monate sind die gefährlichsten für Gepardenjunge: Ein Großteil von ihnen überlebt diese kritische Zeit nicht. Auch Maleikas Junge sind in Gefahr. Vor vorbeiziehenden Herden können die Kleinen zertrampelt werden, andere Raubtiere wie Löwen, Hyänen oder Schakale beißen sie als potenzielle Fressfeinde tot oder sehen in ihnen gar Beute. Oder die Babys werden krank.

Maleika muss sehr wachsam sein, wenn sie ihre Jungen schützen will. Ihr Schutz hängt natürlich auch von der Gesundheit des Muttertiers ab: Wird Maleika krank oder verletzt sich, dann haben auch ihre Kleinen keine Überlebenschance.

Mit sechs Monaten etwa hören die Jungen auf, Milch zu trinken. Jetzt fressen sie nur noch Fleisch, am liebsten frisch erlegt. Aas fressen Geparden in der Regel nicht, sie können es nur schwer verdauen. Außerdem besteht die Gefahr, sich über den Kadaver eine Krankheit einzufangen. Es müssen also schon besondere Umstände herrschen, wenn ein Gepard ein nicht allzu altes Aas anrührt. Dank ihres Geruchssinns können sie die Qualität des Fleisches abschätzen: Kranke Tiere, allzu verweste Tiere oder giftige Tiere fressen sie nicht. Sie riechen dabei nicht allein über die Nase, sondern auch über das Jacobsonsche Organ. Haben sie ausreichend »gerochen«, schlucken sie und lecken sich die Nase – und setzen fort.

Auch Maleika prüft so an diesem erfolglosen Jagdtag das Gnu. Ja, es ist noch gut. Und deshalb geht sie das ungewöhnliche Wagnis ein und frisst Aas. So bekommt sie genug Kraft für die nächste Zeit. Und bei der nächsten Jagd ist sie wieder so fit wie gewohnt – die Krise ist überstanden.

DAS JACOBSONSCHE ORGAN

Wie viele Wirbeltiere haben auch Geparden ein Organ, um sehr fein riechen zu können: Das Jacobson- oder Jacobsonsche Organ. Es liegt in der Mundhöhle am Gaumendach, die Raubkatzen »riechen« also mit der eingeatmeten Luft. Dafür heben die Geparden den Kopf, ziehen die Lippen zurück und halten die Luft an. Während man das Riechen mit der Nase Schnuppern oder Schnüffeln nennt, bezeichnet man dieses Riechen als Flehmen. Auf diese Weise werden wasserlösliche Duftstoffe wahrgenommen, insbesondere Pheromone, also die Duftstoffe, an denen man potenzielle Sexualpartner erkennt.

Familienbande

Auf Mama Maleika lastet eine große Verantwortung: Ohne ihre Fürsorge wären die kleinen Geparden nicht überlebensfähig. Deshalb verbringt sie fast die gesamte Zeit bei ihnen und mit ihnen: Die Kleinen krabbeln auf ihr herum, spielen mit ihren Pfoten oder ruhen sich in ihrem Schatten aus.

Auch nachts schlafen die Kleinen immer zusammen, selten sind sie dabei einmal mehr als 20 Meter von ihrer Mutter entfernt. Die Gepardenmutter bietet einfach den besten Schutz: Auch nachts kann sie Angreifer vertreiben und ihre Kleinen verteidigen.

Tagsüber erkunden sie die Umgebung, krabbeln auf Hügel und Bäume oder ziehen umher. Mehr als zwei Kilometer schaffen die Kleinen allerdings noch nicht. Eine Herausforderung für die Mutter, denn sie muss fast täglich jagen. Dann muss sie die Kleinen zurücklassen. Am Anfang sucht sie für die Kleinen noch ein Versteck, später lässt sie diese einfach zurück und die Kleinen suchen sich selbst ein Versteck.

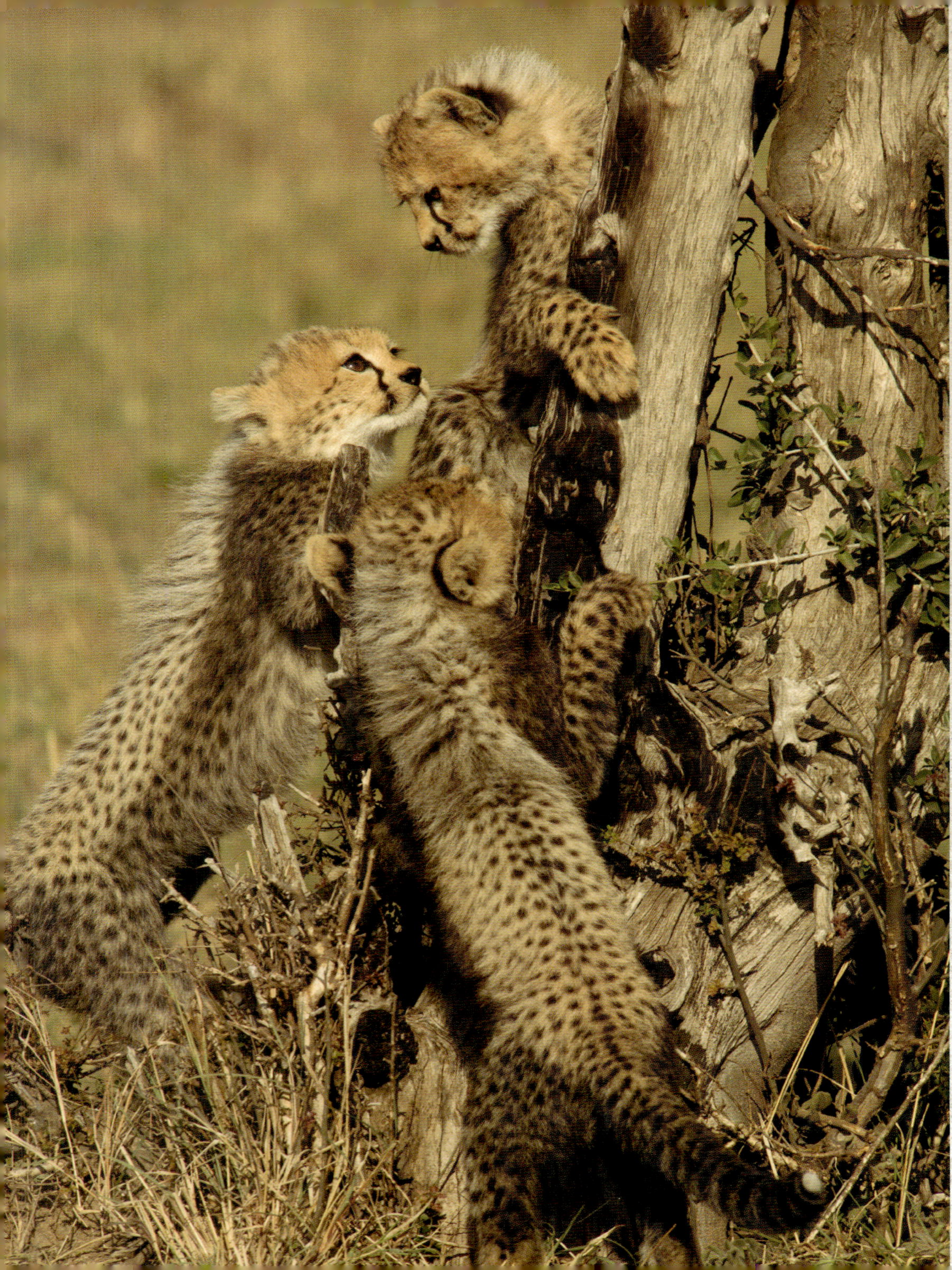
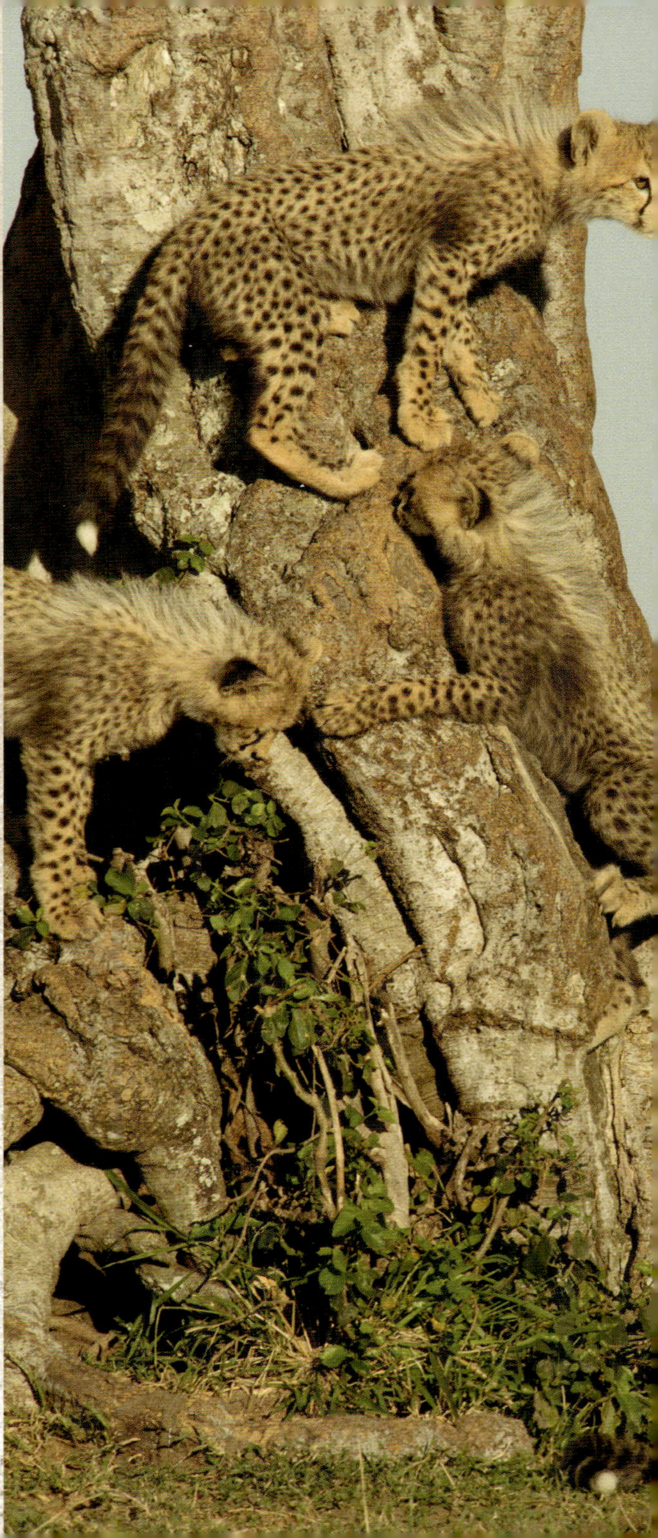

Dafür ist es wichtig, dass die Kleinen die Körpersprache der Gepardin verstehen: Spannt sich Maleikas Körper an? Ein untrügliches Zeichen, dass sie irgendwo Jagdbeute entdeckt hat. Stellt sie die Ohren nach vorn, flehmt sie? Vielleicht streift ein anderes Raubtier in der Nähe umher. Die Jungen müssen selbst in Sicherheit bleiben, sich vor den Hufen aufgescheuchter Gnus in Acht nehmen, und vor allem dürfen sie durch ihr Verhalten die Beutetiere nicht auf Geparden aufmerksam machen und Maleika so die Jagd vereiteln. Es ist ganz schön schwierig, ein kleiner Gepard zu sein!

Hat Maleika eine Beute erlegt, ruft sie ihre Kleinen mit Maunztönen herbei. Hören die Kleinen sie, kommen sie angerannt. Sind sie zu weit weg, muss Maleika sie holen. Dann bleibt das Beutetier unbewacht zurück – eine große Gefahr, denn in der Savanne gibt es viele hungrige Mäuler.

»KATZENSPRACHE«

MIAUEN: Damit ruft Maleika ihre Jungtiere.

FIEPEN: Mit diesem Geräusch rufen die kleinen Geparden nach Maleika.

GURREN: Die Kleinen sind neugierig, dieses Geräusch machen sie, wenn sie ihre Welt erkunden.

SCHNURREN: Maleika und ihre Jungen schnurren oft um die Wette. Schnurren ist ein Wohllaut, der zugleich eine beruhigende und heilende Wirkung hat.

FAUCHEN: Mit aufgestellten Nackenhaaren und vorgestellten Ohren ist das Fauchen ein eindeutiges Signal. Es bedeutet: Geh weg! Ich bin gefährlich.

KAPITEL 3

ZEIT DER WANDERUNGEN

Serengeti – unendliche Weite, in der alles in Bewegung, alles Veränderung ist. So ruhig die Landschaft auch wirkt, Stillstand herrscht hier nie. In mehr oder weniger großen kreisförmigen Routen durchqueren die Tiere der Serengeti die Savanne. Dabei lassen sie sich von der Aussicht auf Futter oder von der Suche nach Wasser leiten. Das Bedürfnis nach Bewegung ist ein uralter, angeborener Drang, der sich über alle Hindernisse hinwegsetzt. Die jeweiligen Wanderrouten sind instinktiv gewählt, der Bewegungsdrang wird von Generation zu Generation weitergegeben. Die einzelnen Herden oder Gruppen folgen bestimmten Mustern und ziehen in bestimmten Zeiträumen weiter.

Immer wieder treffen sie dabei aufeinander: Handelt es sich um gleiche Tierarten, kommt es dann zu Paarungsritualen, so wird der Fortbestand der Art gesichert.

Treffen Raubtiere auf Beutetiere, kommt es zur Jagd. Die meisten Raubtiere, so auch Geparden, jagen vor allem kranke, schwache und alte Tiere. In den Herden der Antilopen und Gazellen verbleiben also vorwiegend die gesunden und starken Tiere. So bleiben die Herden agil und wendig. Auf diese Weise sorgt die Natur immer wieder für ein Gleichgewicht.

EIN EWIGER KREISLAUF

Warum nehmen die riesigen Herden der Gnus die beschwerliche und für viele Tiere oft tödlich endende Wanderung durch die Serengeti auf sich? Sie wandern zum einen zu den grünen Weiden, die nach den Regenfällen entstehen und deren Verbreitungsgebiete sich durch die Trockenzeiten verändern. Zum anderen ziehen sie dorthin, wo es Wasser gibt.

Sind die Herden weitergezogen, können sich die Weiden regenerieren. Der Dung der Herden bringt Nährstoffe auf die Weiden und lässt sie schnell wieder sprießen. Würden die Herden hingegen auf einem Fleck bleiben, wären die Grünflächen der Serengeti rasch vollständig abgeweidet. Das würde zu einem Massensterben der Gnus, Zebras und Antilopen und anderer Pflanzenfresser führen. Instinktiv sorgen die Tiere also ganz von selbst für eine nachhaltige Weidewirtschaft.

Außerdem sorgen die Tiere instinktiv auch für eine gesunde Ernährung: Die Weideflächen in der Masai Mara weisen einen eklatanten Phosphormangel auf. Phosphor ist jedoch für die Energieversorgung auf Zellebene und für die Milchproduktion der Gnukühe wichtig. Damit sie dieser Mineralmangel nicht dauerhaft beeinträchtigt, müssen die Gnus nach einer Weile weiterziehen – auch wenn sie dabei den Mara-Fluss durchqueren müssen, was für hunderte von ihnen ein tödliches Wagnis ist. Denn dort lauern Krokodile.

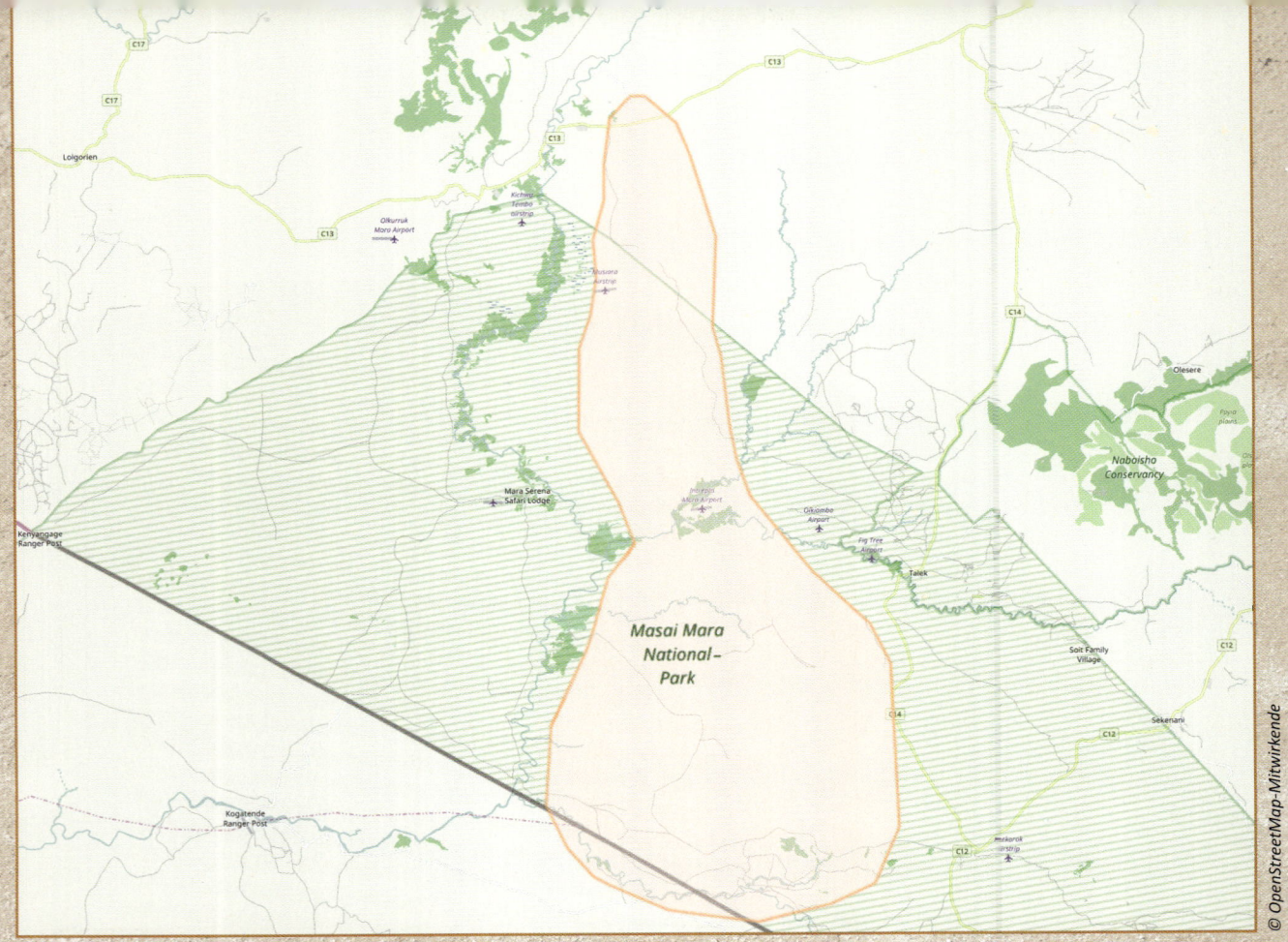

▲ *Grüne Fläche: Masai Mara*
Roter Bereich: Maleikas Streifgebiet in der Masai Mara

Auch die Geparden wandern ständig durch ihr Jagdgebiet, ähnlich wie die Gnus, Zebras und all die anderen Tiere. Die Wanderrouten sind nicht aneinander gekoppelt, doch die unterschiedlichen Tiere begegnen sich immer wieder.

2013 haben Forscher des Royal Veterinary College der Universität London fünf Geparden mit GPS-Halsbändern versehen und so ihre Wanderrouten aufgezeichnet. Sechs Kilometer wanderten die Gepar-

den im Schnitt jeden Tag umher und ein- bis zweimal setzten sie dann zum Sprint an. In einem Viertel der Fälle waren sie erfolgreich und ergriffen ihre Beute. Das ist ein recht gutes Ergebnis und bedeutet, dass die Geparden spätestens jeden zweiten Tag fressen konnten. Gleichzeitig bedeutet es aber auch, dass die hungrigen Geparden genügend Beutetiere finden müssen. Etwa 10 kg Fleisch braucht ein Gepard pro Tag, eine ausgewachsene Gazelle wiegt oft mehr als 40 kg; das reicht also für eine kleine Gepardenfamilie.

Doch für Geparden wird es in vielen Gebieten Afrikas immer schwerer, ungestört jagen zu können. Menschen besiedeln die Landflächen und sie brauchen Platz für ihre Viehherden – die Beutetiere der Geparden sind nun oft die Nutztiere der Menschen, was natürlich viel Potenzial für Konflikte birgt.

Maleika hat besonderes Glück mit ihrem Jagdgebiet in der Masai Mara im Norden der Serengeti. In diesem Nationalpark dürfen Geparden noch ungestört jagen und so leben, wie sie es wohl schon seit Jahrtausenden tun. Wie ihre Vorfahren kann Maleika für ihre Jungtiere Gazellen, Riedböcke oder Antilopen jagen und die Kleinen großziehen.

Maleikas Streifgebiet umfasst etwa 1400 km², die Nord-Süd-Ausdehnung ihrer Wanderschleifen beträgt etwa 80 Kilometer. Sind die Kleinen anfangs schon nach zwei Kilometern müde und erschöpft, halten sie Monat für Monat immer größere Distanzen durch. Häufig legen sie nun zwischen fünf und zehn Kilometer pro Tag zurück, an manchen Tagen sind es sogar bis zu 20 Kilometer.

HUMAN-WILDLIFE CONFLICT

Immer wieder kommt es zu Konflikten zwischen den Bauern in den Schutzzonen rund um die Serengeti und den Raubtieren, für die die Herdentiere der Bauern eine willkommene Beute sind. In der freien Natur greift ein Raubtier wie ein Löwe, Jaguar oder Gepard seine Beute an und versucht sie mit einem Kehlbiss niederzuringen. Meist gelingt das relativ schnell und geräuschlos. Macht ein junges Beutetier Lärm, kommt zumeist die Mutter und verteidigt es. In beiden Fällen findet die Jagd ein schnelles Ende und der Rest der Herde zieht rasch und unversehrt weiter. Doch die Kühe und andere Herdentiere der Menschen haben diese Instinkte und Fluchtreflexe während ihrer Domestizierung verloren: Greift ein Raubtier an, blöken, wiehern oder muhen sie wild durcheinander. Dieses Verhalten löst beim Raubtier Verwirrung aus, es will Ruhe. Deshalb reißen die Raubtiere innerhalb domestizierter Herden selten nur ein oder zwei Beutetiere, sondern oft die ganze Herde – eben so lange, bis Ruhe ist. Das sorgt natürlich für Unmut bei den Bauern, die den Wildtieren deshalb mit Giftködern zu Leibe rücken. Besonders davon bedroht sind derzeit Jaguare, Leoparden und Wildhunde. Ihre Bestände sind so geschrumpft, dass sie vom Aussterben bedroht sind. Bauern könnten ihre Herden besser schützen, indem sie sie nachts in einem Kral halten (einem kreisförmig angelegten Pferch), mit Glocken ausstatten oder wehrhaftere Herden zusammenstellen: Kühe mit Jungtieren sind deutlich wachsamer und wehrhafter als gemischte Herden. Es gibt viele Wege, mit den Konflikten umzugehen, und bereits viele Initiativen, wie man Geparden und ihre Lebensräume sowie die Interessen der Bauern gleichermaßen schützen kann.

Geparden lieben einen geregelten Tagesablauf. Tagsüber wandert Maleika mit ihren Kleinen durch die hügelige Landschaft der Masai Mara, immer wieder legen sie eine Rast ein. Dann spielen die Kleinen im Vulkanstaub oder klettern auf Bäumen herum. In der glühenden Hitze der Mittagsstunden suchen sie, wie die meisten Tiere, Schatten. Der ist rar, sie finden ihn unter Bäumen, hinter großen Steinen oder Gestrüpp. Hier dösen und spielen sie, bis die Temperaturen wieder abkühlen. Dann geht es weiter. Vielleicht begegnen sie anderen Tieren und Mama Maleika kann auf Jagd gehen. Vielleicht kommen sie an einem Bach oder Fluss vorbei, dann gibt es etwas zu trinken.

Nähert sich die Sonne dem Horizont, wird ein sicherer Schlafplatz gesucht. Sicher bedeutet für Geparden: gut verborgen im hohen Gras und gleichzeitig mit gutem Blick über die weite Landschaft. Maleika liebt die Aussicht von Termitenhügeln, kleinen Anhöhen oder Steinen. Hier kann sie die Landschaft noch besser einsehen.

Ist keine Gefahr erkennbar, wird der Schlafplatz bei-
behalten. Denn Geparden ruhen sich nachts aus, sie
schlafen. Andere Tiere hingegen, wie Löwen oder
Hyänen, ziehen auch nachts umher.

Treffen sie auf die schlafenden Geparden, kann es für
diese gefährlich werden. Maleika verliert drei Jungtiere, weil diese nachts von Löwen oder Hyänen tot-
gebissen wurden.

86

Maleika als Lehrmeisterin

Alles, was ein kleiner Gepard weiß und kann, muss er von seiner Mutter lernen. Der Jagdinstinkt sowie der Instinkt, seine Umgebung neugierig zu erkunden, sind ihm angeboren. Die Fertigkeit, eine Jagd erfolgreich auszuüben, muss von den kleinen Geparden gelernt werden. Und für kleine Geparden gibt es nur eine Art zu lernen: durch Nachahmung. Sie beobachten genau, was Mama tut und wie sie es tut, und ahmen es dann nach.

Mama maunzt, die Kleinen maunzen auch. Mama spitzt die Ohren. Da muss etwas sein! Die Kleinen lauschen auch. Mama zieht weiter? Los, auf geht's! Die Kleinen folgen ihr.

Auch an der Wasserstelle beobachten sie genau, wie Mama Maleika nach unten geht, den Kopf vorschiebt und mit eingerollter Zunge das Wasser »herauslöffelt«. Dann probieren sie es auch: Sie beugen die Knie, strecken das Köpfchen vor und versuchen, mit ihrer Zunge Wasser aufzulecken. Am Anfang erwischen sie nur wenige Tröpfchen, später rollen sie ihre kleine Zunge mehr und mehr ein und bekommen mit jedem Versuch mehr Wasser. Es klappt immer besser!

Auch das geräuschlose Anpirschen müssen die Kleinen von Mama Maleika lernen. Immer und immer wieder schleichen sie durchs Gras: Pfote heben, mit den Tasthaaren an den Pfoten die raschelnden Gräser erspüren, sanft die Pfote wieder absetzen. Lauschen. Und weiter! Pfote heben, keine Geräusche machen, Pfote absetzen.

Je besser das Anschleichen gelingt, desto später bemerken die Beutetiere die hungrigen Geparden. Und je näher sie sich anschleichen können, desto größer sind die Chancen, die Gazelle oder Antilope zu erwischen.

Immer wieder schleichen die Gepardenkinder deshalb durch das hohe Gras der Serengeti und springen sich an. Sie verbeißen sich gegenseitig im Genick und versuchen, sich an die Gurgel zu gehen. Schon mit 10 Wochen fangen sie an, den Würgegriff zu üben. Mit 5 bis 7 Monaten erwürgen sie dann die von der Mama erlegte Beute ein zweites Mal. Und mit knapp einem Jahr erlegen sie dann ihr erstes Tier – allein.

Spielen ist also wichtig, denn es bereitet sie auf ihr späteres Leben vor. Und auch wenn es manchmal harsch zugeht, die Kleinen verletzen sich dabei nicht ernsthaft. Dafür sorgt zum einen die sogenannte Beißhemmung. Bei den Beutespielen wird nie mit

voller Kraft zugebissen. Und zum anderen hilft die zähe Haut der Geparden. Die Raubkatzen können zum Beispiel durch Akaziengestrüpp tollen, ohne sich an den scharfen Dornen zu verletzen. Würde ein Auto über einen Akazienzweig fahren, würden die Dornen wahrscheinlich durch das Reifengummi dringen und ein platter Reifen wäre die Folge.

Unzählige Stunden balgen und toben die Kleinen so herum. Sie üben für ihr späteres Leben. Durch das Herumtollen schulen sie wichtige motorische Fähigkeiten, sie trainieren ihre Muskeln und entwickeln Ausdauer und Koordination – alles, was ein kleiner Gepard für sein späteres Leben braucht.

Putzen, Schlecken, Katzenwäsche

Am Anfang übernimmt Mama Maleika die Fellpflege, später putzen sich die Jungtiere selbst oder gegenseitig. Immer wieder kommt es auch zum großen Familienputzen: Dann liegen alle beieinander und beknabbern oder belecken sich gegenseitig.

Verhaltensforscher sprechen beim gegenseitigen Putzen von einem Komfortverhalten. Mit ihrer rauen Zunge, die von vorn bis hinten mit Papillen, also kleinen Dornen aus Horn, besetzt ist, schleckt Maleika den Kleinen über das Fell, die dabei friedlich maunzen und schnurren. Diese Geräusche animieren Maleika zur weiteren intensiven Fürsorge und stärken so die Bindung zwischen der Gepardin und ihren Jungtieren.

Neben der mütterlichen Zuwendung hat das gegenseitige Putzen noch einige weitere Vorteile: Am frühen Morgen sammeln sich im Fell Tautropfen, die die Geparden durch das Ablecken aufnehmen. Denn in der wasserarmen Serengeti zählt jeder Tropfen.

Später am Tag putzen sich die Geparden immer wieder nach dem Fressen. Dann werden alle Fleisch- und Blutspuren gründlich beseitigt, was Parasiten abhält.

Und auch nach jeder Spielrunde ist Putzen angesagt. Dann werden Dreck, Staub, Kletten oder Ungeziefer entfernt und gleichzeitig durch den Staub wichtige Mineralien aufgenommen. Verfilzte oder zerzauste Stellen wiederum werden beknabbert, das heißt diese Fellstellen werden mit den kleinen Schneidezähnchen regelrecht durchgekämmt. Und zwar so lange, bis alles wieder schön glatt und durchlässig ist.

Durch die gründliche Fellpflege werden zudem Krankheiten ferngehalten, wie die besonders für kleine Geparde gefährliche Rachitis. Außerdem werden die Talgdrüsen angeregt, wodurch das Fell schön locker, geschmeidig und wasserabweisend wird. Und wenn es heiß ist, sorgt ein lockeres Fell für mehr Wärmeisolation als ein verklebtes, dreckiges Fell. Die Luft kann so nämlich besser zirkulieren und der Körper leichter abkühlen.

Neben der Reinlichkeit und der mütterlichen Fürsorge gibt es einen weiteren Grund für das gründliche Abschlecken: Das Verteilen von Duftstoffen. So entsteht eine Art Duftmarkierung, die hilft, dass sich die Jungtiere beispielsweise im hohen Steppengras nicht aus den Augen verlieren und einander wiedererkennen. Auch für Maleika ist es so leichter, ein ausgebüxtes Jungtier wieder aufzuspüren.

Bei kleinen Geparden wird durch die raue Zunge der Mutter zudem die Hautdurchblutung angeregt. Und eine gut durchblutete Haut wiederum regt die Verdauung und sämtliche Bewegungen im Darm an. Dann klappt die Ausscheidung gleich viel besser!

Und nach einem anstrengenden Tag ist eine ordentliche Runde Fellpflege auch eine prima Art, mit dem Stress fertig zu werden und sich wieder zu beruhigen. Wie alle Katzen putzen sich Geparden in Stresssituationen häufiger und ausgiebiger.

Das gemeinsame Putzen bietet noch einen Vorteil: Die Zunge der anderen Tiere kommt oft an Stellen, vor allem am Kopf, welche die eigene Zunge nicht mehr erreicht. Leben Geparden allein, putzen sie diese Stellen, etwa hinter den Ohren oder am Hinterkopf, mit den Pfoten, indem sie immer wieder darüberstreichen.

Mama Maleika scheint zu wissen: Nur saubere Geparden sind auch gesunde Geparden! Und deswegen nimmt sie sich jeden Tag mindestens 10 bis 15 Minuten Zeit dafür, oft auch mehrere Stunden: Fellpflege ist schließlich wichtig!

Überall lauern Gefahren

Maleika und ihre Jungen sind eine eng aufeinander abgestimmte Familie: Die Kleinen könnten nicht ohne die Mutter überleben, und die Mutter riskiert alles, um die Kleinen zu schützen und zu versorgen.

Maleika muss in jeder Situation aufs Neue entscheiden, wie sie reagiert: Verteidigt sie ihre Beute vor den hungrigen Löwen, legt sie sich mit dem frechen Rudel der Hyänen an oder riskiert sie damit eine Verletzung, sodass es besser wäre, die Beute kampflos zu überlassen und vor den Hyänen einfach davonzulaufen.

An diesen situationsbezogenen Entscheidungen zeigt sich der unerschrockene Charakter Maleikas: Sie ist eine mutige Gepardin. Sie weiß um ihre Kraft und Ausdauer, also wagt sie es, einen sich nähernden Löwen anzufauchen und ihn zu vertreiben. Ein eher ungewöhnliches Verhalten. Immer wieder vertreibt sie auch Schakale, lässt sich die Beute nicht abnehmen, verteidigt, was ihr gehört.

Verletzt!

Die Jagd ist für Geparden nicht nur anstrengend, sondern auch gefährlich. Antilopen haben Hufe, mit denen sie kraftvoll zutreten, Gazellen Hörner, mit denen sie zustechen. Passt ein Gepard nicht auf, wird er schnell selbst zum Opfer. Und das kann gefährliche Folgen haben!

Auch Maleika verletzt sich. Schuld ist allerdings kein anderes Tier. Im schnellen Lauf streifte sie an einem Gebüsch vorbei, prallte auf einen Ast und riss sich dabei eine tiefe, blutende Wunde in die Brust. Das ist gefährlich. Nicht nur, dass die Gepardin in den nächsten Tagen nicht jagen kann, der Duft des Blutes könnte auch Schakale oder Hyänen anlocken, die

nun leichte Beute wittern. Normalerweise sind Geparden mit solch einer Wunde in der freien Wildbahn nicht überlebensfähig.

Doch Maleika kann sich selbst heilen. Sie schafft es, ihren Jungen zu zeigen, dass sie nun Ruhe braucht. Durch tiefes Schnurren regt sie ihre Selbstheilungskräfte an, sodass ihr gesamter Körper vibriert. Trotz des weiteren Drucks, zu jagen und zu säugen, übersteht Maleika diese schwere Verletzung. Nach bangen Wochen schließt sich die Wunde und heilt ab, ohne Entzündung und ohne Infektion. Die Gefahr ist gebannt, die kleine Gepardenfamilie hat die Krise überstanden.

WUNDERHEILMITTEL SCHNURREN

Schnurren galt lange Zeit als Geräusch, das das Wohlbefinden von Katzen anzeigt. Doch niederfrequentes Schnurren hat noch eine weitere Funktion: Durch Vibrationen wird die Knochendichte erhöht, Muskeln, Knochen, Sehnen und Bänder regenerieren und heilen schneller. Und das im Übrigen nicht nur bei Katzen! Österreichische Forscher haben vor ein paär Jahren wissenschaftlich belegt, was wohl Katzenbesitzer schon lange wissen: Eine schnurrende Katze auf dem Schoß hilft auch Menschen bei Schlafstörungen, beruhigt bei Bluthochdruck, lindert Stresssymptome und lässt Knochenbrüche schneller heilen.

Doch noch mehr Gefahren lauern auf die Geparden. Eine ist unsichtbar – und tief verborgen in den Fluten der reißenden Flüsse. Maleika möchte ihr Jagdgebiet erweitern und den Mara-Fluss überqueren. Am Ufer stehen Feigen und Akazienbäume, der Fluss hat an dieser Stelle keine besonders starke Strömung. Alles scheint ruhig und friedlich zu sein. Maleika und das Gepardenmädchen Martha überqueren die Strömung. Doch die Idylle trügt. Die Bewegung der beiden Tiere im Wasser hat die in der Tiefe lauernden Krokodile aufmerksam werden lassen. Unbemerkt nähern sie sich und schnappen nach dem letzten Jungtier im Fluss. Es ist Marlo, und sein Tod ist nun beschlossene Sache: Hat ein Krokodil mit seiner kräftigen Schnauze erst einmal zugeschnappt, gibt es kein Entkommen. Es zieht seine Beute nach unten, bis diese ertrunken ist. Der Gepardenjunge taucht noch ein paarmal auf, entkommen kann er nicht. Maleika und ihre verbleibenden Jungtiere stehen am Ufer und müssen hilflos zuschauen. Sie können nichts für das Geschwistertier tun, denn mit Sicherheit lauern im Wasser noch weitere Krokodile.

In den nächsten Tagen ist die Trauer der Tiere deutlich zu spüren. Immer wieder kehren sie an den Fluss zurück und suchen und rufen nach dem verlorenen Bruder.

Drei Tage lang jagen sie nicht, sondern hungern und verbleiben an dem gefährlichen Ort, dem Fluss. Erst als es wirklich eindeutig ist, dass der Bruder nicht zurückkehren wird, ziehen die Geparden weiter.

KÖNNEN TIERE TRAUERN?

Ein solches Verhalten – das Warten auf den Bruder, trauern, vermissen – zeugt von einer großen Empathiefähigkeit der Geparden. Sie scheinen den Verlust wahrgenommen zu haben und sie scheinen in ihrem Verhalten darauf einzugehen. Es ist noch nicht lange her, dass die Verhaltensforschung Empathie bei Tieren anerkannt hat und untersucht. Matto Barfuss leistet hier mit seinen Bildern einen wichtigen Beitrag: Denn die Stimmungen, die er mit seiner Kamera einfängt, zeigen zweifelsfrei, dass das Verhalten der Geparden von mehr geprägt ist als von animalischen Instinkten.

▲ *Rufen nach Marlo*

KAPITEL 4

DIE KUNST DER JAGD

Fast täglich muss Maleika jagen, um ihre Jungtiere zu versorgen. Ständig hat sie deshalb die Umgebung aufmerksam im Blick. Hat sie etwas entdeckt, richtet sie die Ohren auf, nimmt Witterung auf und fokussiert ihre Aufmerksamkeit auf die potenzielle Beute.

Maleika ist eine ausgezeichnete Jägerin: Oft erspäht sie Beute bereits aus über zwei Kilometer Entfernung. Und dann gibt es kein Halten mehr: Hat sie sich einmal zur Jagd entschlossen, führt sie diese auch durch.

YOGA FÜR GEPARDEN?

Wie die meisten Katzen dehnen, recken und strecken sich auch Geparden, wenn sie längere Zeit gelegen und geruht haben. Das sieht dann so aus: Sie strecken die Vorderbeine weit aus und dehnen die Sehnen der Vorderbeine, des Schultergürtels und des Rückens. Der Schwanz ist dabei hoch aufgerichtet. Dann folgt dasselbe noch einmal für hinten: Sie strecken die Hinterbeine aus, dehnen die Hüfte und den Rücken. Und wieder bleibt der Schwanz angespannt und oben.
Auf diese Weise werden Sehnen und Bänder gedehnt und die Wirbelsäule aktiviert. Diese ist bei Geparden extrem biegsam und elastisch, denn beim schnellen Lauf und vor allem in Kurven ist diese Beweglichkeit unglaublich wichtig, sie ermöglicht den Raubkatzen auch bei hoher Geschwindigkeit das flinke Wenden.

Hetzjagd, nicht Treibjagd

Geparden sind Kurzstreckenläufer und darin sind sie Weltmeister! Auf kurzen Strecken können sie bis zu 120 Stundenkilometer schnell werden, also etwa das Tempo eines Autos auf der Autobahn erreichen. Damit sind sie die schnellsten Tiere auf dem Land.

Doch das allein sichert ihnen nicht die Jagderfolge, denn auch Antilopen und Gazellen erreichen Geschwindigkeiten von 80 bis 90 Kilometern pro Stunde. Würde es allein ein Wettlauf sein, würde eine Jagd recht lange dauern und sehr viel Kraft kosten.

Aber Geparden lassen es meist nicht auf eine lange Treibjagd ankommen. Anders als Hyänen oder Schakale, die ihr Opfer kilometerweit verfolgen, bis dieses erschöpft und müde ist, und dann erst zuschlagen, verfolgen Geparden eine andere Strategie: Lautlos schleichen sie gebückt durch das Gras und nähern sich den wachsamen Antilopen und Gazellen so weit wie möglich. Meist sind das etwa 50 bis 200 Meter. Hat die Antilope oder Gazelle den Geparden entdeckt, spurtet der Gepard in Höchstgeschwindigkeit los. Ein Gepard kann in wenigen Sprüngen, also innerhalb von drei bis fünf Sekunden, eine Geschwindigkeit von 100 km/h erreichen. Eine solche Beschleunigung schaffen die wenigsten Autos. Seine zweite Stärke sind die abrupten Richtungswechsel. Er kann den wendigen Beutetieren, die in Panik immer wieder Haken schlagen, dank seiner extrem biegsamen Wirbelsäule auch bei diesen hohen Geschwindigkeiten folgen. Er legt sich in die Kurve und behält dank seiner rauen Fußsohlen und der stabilen Krallen noch genügend Grip, um weiterzurennen. Bei diesen Manövern würden selbst Rennfahrer aus der Kurve fliegen und die Kontrolle über das Auto verlieren, denn Reifen haben selten einen so stabilen Halt in der Kurve.

Doch das Wichtigste ist: Ein Gepard kann unglaublich schnell abbremsen! Hat er sein Beutetier eingeholt, versucht er, ihm mit der Tatze aufs Hinterteil zu schlagen und es so zum Straucheln und im besten Fall zu Boden zu bringen. Matto Barfuss beobachtete, wie Maleika einem Zebra während eines Hochgeschwindigkeitssprints mit solcher Wucht auf die Flanke schlug, dass das Zebra stürzte, mit dem Kopf auf den harten Sandboden aufschlug und sich das Genick brach. Ein dumpfer Knall und das Zebra war auf der Stelle tot. Maleika geht ihm noch an die Kehle, aber das ist eher reflexhaftes Verhalten als Notwendigkeit. Ein beeindruckender Jagderfolg!

Doch natürlich hinterlassen solche Kraftanstrengungen auch Spuren am Körper eines Geparden – die Wucht des Aufpralls überträgt sich schließlich auch auf ihn. Maleika muss den Aufprall abfedern und aus großer Geschwindigkeit heraus abbremsen. Selbst ein Rennwagen hätte einen längeren Bremsweg gehabt!

Dank ihrer Flexibilität und der Elastizität ihrer Knochen trägt Maleika auch in diesem Fall keine offensichtlichen Verletzungen davon, doch mit Sicherheit jede Menge Mikrofissuren. Sehnen, Muskeln und Bänder wurden überbeansprucht und müssen nun wieder heilen. Um diese zu heilen, wird sie längere Zeit ausruhen und vor sich hinschnurren. Aber zunächst einmal kümmert sie sich um die Beute!

Ein Festmahl für Geparden

Eine Jagd in Hochgeschwindigkeit ist anstrengend, der Körper ist überhitzt. Bevor Maleika fressen kann, muss sie sich erst einmal abkühlen und beruhigen.

Würde sich jetzt ein hungriger Konkurrent nähern, könnte Maleika ihre Beute nicht verteidigen: Sie würde sie kampflos aufgeben. Immer wieder kommt es deshalb vor, dass erschöpfte Geparden um ihre Jagderfolge gebracht werden.

Es dauert etwa 15 Minuten, bis sich Puls und Atmung beruhigt haben. Und dann beginnt das Mahl: Als Erstes wird die Leber gefressen und das Blut getrunken. Das ist überlebenswichtig, denn in der Savanne gibt es kaum Wasser, und für Geparden ist es somit eine der wenigen Gelegenheiten, Flüssigkeit aufzunehmen.

Dann kommt das Fleisch an die Reihe. Dank ihrer Tasthaare, den Vibrissen, erspüren Geparden die Fellrichtung ihrer Beutetiere: In Fellrichtung lässt sich

das Fleisch leichter reißen. Zuerst werden die Innereien, also Herz und Nieren gefressen, dann Schultern, Rücken, Keulen. Das Muskelfleisch ist nahrhaft und liefert genug Energie für den nächsten Sprint. Magen und Darm hingegen werden nicht angerührt, der Mageninhalt selbst ist absolut tabu. Schließlich will kein Gepard krank werden!

Übrig bleiben am Ende nur Gedärm, Knochen und Fellreste. Unverdauliches wird schnell wieder ausgeschieden.

Räuber der Beute: Geier, Hyänen, Löwen

Etwa eine Stunde verbringt ein Gepard bei seiner Beute: Was er nicht sofort fressen kann, muss er zurücklassen. Warum diese Eile?

Geparden können ihre Beute nur schwer verteidigen – und hungrige Konkurrenz gibt es in der Savanne mehr als genug. Eine Jagd bleibt schließlich nicht unbemerkt, vor allem wenn es dem Geparden nicht gelingt, die Beute schnell und lautlos zu erlegen. Hat das Beutetier vorher geschrien, werden viele andere Tiere aufmerksam: wehrhafte Mütter genauso wie hungrige Geier. Denn die Nachricht vom Tod verbreitet sich rasch. Zuerst nähern sich Geier, schnell aber auch Schakale und Hyänen. Und ist ein Löwenrudel in der Nähe, kommt auch dieses herbei. Eine Mahlzeit, für die man sich nicht anstrengen muss, will sich niemand entgehen lassen.

Deshalb ist es wichtig, zügig und effizient zu fressen. Sobald die Jungtiere größer sind, hält immer ein Tier Wache, während die anderen fressen. Der Wächter versucht, vorlaute Räuber in Schach zu halten. Das gelingt jedoch meist nur für kurze Zeit.

Manchmal hat es Maleika sogar geschafft, ihre Beute für zwei Tage oder länger zu verteidigen. Dann aber nur, weil sie ein gutes Versteck dafür fand.

Haben die Geparden einmal von der Beute abgelassen, gibt es kein Zurück mehr. Das Fleisch ist nun fest in den Krallen, Schnäbeln und Mäulern der anderen. Geier, Hyänen oder Schakale lassen nicht mehr davon ab, bis kaum mehr Knochen und Fellreste übrig sind.

Jagen will gelernt sein

Mit acht Monaten ist bei den Kleinen ein Zahnwechsel angesagt. Die zierlichen Milchzähnchen fallen aus und das große Raubtiergebiss wächst. Jetzt können die Jungtiere ordentlich Fleisch reißen und kräftig zubeißen. Es ist Zeit, das Jagen zu lernen.

Denn Jagen will gelernt sein! Bevor es ernst wird, müssen die Kleinen erst einmal erfahren, was man mit einem Beutetier anstellt. Eine Lehrstunde steht auf dem Plan. Mama Maleika hat eine Herde von Thomsongazellen erspäht. Sie jagt ein Kitz. Doch statt es gleich zu töten, wie sie es üblicherweise tun würde, bringt sie die völlig verschreckte Babygazelle zu ihren Jungen. Doch was sollen sie damit tun? Neugierig beschnuppern die kleinen Geparden das zitternde Wesen. Mama Maleika sieht zu. Mit Essen spielt man doch nicht!, scheint sie zu denken, lässt ihre Jungen jedoch allein. Das Schicksal der unerfahrenen Gazelle ist ohnehin besiegelt, auch wenn erst einmal alles ganz harmlos erscheint.

Die kleinen Geparden schnuppern an ihr, umrunden sie und schlecken ihr übers Fell. Mit großen Augen hockt sich die Gazelle hin. Atempause für das kleine Wesen – Spielstunde für die Geparden. Doch schon bald verlieren die Jungen das Interesse an ihr. Das kleine Wesen liegt ja nur langweilig herum! Die Gazelle sieht ihre Chance gekommen. Kaum scheint sich irgendwo eine Lücke aufzutun, springt sie auf und will entkommen.

Aber genau diese flüchtige Bewegung weckt den Jagdinstinkt der jungen Geparden. Moment, scheinen sie zu denken, da war doch was! Etwas ungeschickt hüpfen sie der kleinen Gazelle hinterher. Und holen sie ein. Springen ihr auf den Rücken. Bringen sie zu Fall. Die kleine Gazelle liegt wieder still. Was nun?

Die jungen Geparden müssen es einige Male üben, bis sie wissen, was bei der Jagd zu tun ist. Mama Maleika ist eine gute Lehrmeisterin. Sie zeigt ihnen, wie ein Beutetier schnell und effizient erlegt werden kann: Mit einem gezielten Biss zerbeißt sie die Halsschlagader oder drückt die Luftröhre zu. Ist die Luftzufuhr unterbrochen, erstickt oder verblutet das Beutetier innerhalb von Sekunden. Präzision ist hier der Schlüssel zum Erfolg. Setzt Maleika einmal zum Spurt an, schafft sie bis zu 120 Kilometer pro Stunde. Bei dieser Geschwindigkeit führt nur ein gezielter Biss zum Erfolg, denn die meisten Beutetiere sind deutlich kräftiger und vor allem auch wehrhafter als die kleine Gazelle. Sie haben Hufe, mit denen sie schmerzhaft zutreten können, oder Hörner, mit denen sie sich effektiv verteidigen. Dann werden sie zur Gefahr für ungeschickte Angreifer.

Maleika hat es immer wieder beobachtet und es oft genug auch selbst erlebt: Bei einer misslungenen Jagd gehen die Geparden nicht nur mit leerem Magen aus, sondern können sich selbst eine Verletzung einhandeln. Und das kann dramatische Folgen haben.

Damit wird jede Jagd zum gefährlichen Risiko. Maleika muss die Gefahr jedes Mal aufs Neue abschätzen: Kann sie den Angriff wagen oder ist es zu gefährlich?

Doch es gibt noch einen weiteren Grund für einen schnellen und präzisen Kehlbiss: Gelingt es dem Beutetier zu schreien, werden die anderen Herdenmitglieder aufmerksam. Nicht selten geht dann eine wehrhafte Mutter auf den Geparden los, um ihren Nachwuchs zu schützen. Manchmal ist es auch die ganze Herde, die das Jungtier verteidigt.

Bleibt das Tier jedoch still, halten Mutter oder Herde es für tot und verteidigen es auch nicht, selbst wenn es noch lebt. Schreien ist für Beutetiere also eine wichtige – und oftmals erfolgreiche – Verteidigungsstrategie.

Erste Jagderfolge

Bevor die Jungtiere ihre erste eigene Gazelle erlegen, üben sie mit der Mutter. Und zwar immer und immer wieder. Monatelang jagen sie nun im Team, meist unter Führung der Mutter. Und meist ist es auch die Mutter, die das Beutetier zu Fall bringt. Zunächst einmal springen die Kleinen etwas hilflos um die Hinterbeine herum. Schwer lässt sich dort jedoch eine Gazelle packen und noch schwerer lässt sie sich so erlegen. Das gelingt in der Regel nur mit dem Kehlbiss. Die Kleinen üben ihn immer wieder. Von der Mutter erlegten Beutetieren beißen sie immer und immer wieder die Kehle durch. Nachahmung ist die beste Lernmethode für heranwachsende Geparden!

Nach vielen, vielen Versuchen gelingt es den Jungen endlich, selbst eine Beute zu jagen und allein zu erlegen. Für einen jungen Geparden ein wichtiger Schritt auf dem Weg in die Selbstständigkeit. Nun ist es bald an der Zeit, eigene Wege zu gehen. Der Abschied von der Mutter naht.

KAPITEL 5

EIGENE WEGE

Die Kleinen sind groß geworden

Gepardenjunge bleiben etwa zwei Jahre bei der Mutter, so auch die beiden überlebenden Jungtiere von Maleika: Majet und Martha.

In diesen ersten Jahren haben die kleinen Geparden alles, was sie wissen müssen, von ihrer Mutter gelernt. Ist diese eine geschickte Jägerin, werden sie es auch. Hat diese einen guten Instinkt für ihre Jagdrouten, werden auch die Kleinen kluge Wanderer. Da Maleika eine erfahrene Gepardin ist, stehen die Chancen für Martha und Majet also sehr gut: Sie sind gerüstet für ein Leben in der Serengeti, sie sind bereit, Nachwuchs zu zeugen und so für die Erhaltung dieser wunderbaren Tierart zu sorgen.

Der Abschied

Wie alle Gepardinnen lebt Maleika als Einzelgängerin, was bedeutet, dass sich die kleine Familie auflöst, sobald die Gepardenkinder für sich selbst sorgen können. Wann dies so weit ist, entscheidet die Mutter. Ist der Moment gekommen, verlässt sie die Kinder – und zwar für immer. In den Weiten der Steppe der Serengeti ist es unwahrscheinlich, dass sich die Wege der Geparden noch einmal kreuzen werden. Und sollte dies geschehen, bleiben die Wiedersehen kurz.

Die Mutter ändert nun ihre Route durch die Serengeti. Die zurückbleibenden Geschwister bleiben noch eine kurze Zeit zusammen und ziehen auf der bekannten Route gemeinsam durch das Land. Dann trennen auch sie sich. Meist ist es das Weibchen, das die Brüder verlässt. Jetzt ist es an ihr, sich wie ihre Mutter eine neue Route durch das Land zu suchen. Auf ihr wird sie durch die Serengeti wandern und diese Wanderroute dann ihrem Nachwuchs vermitteln. Brüder bleiben dagegen oft noch als Verband zusammen, was möglicherweise Vorteile bei der Paarung hat: Gepardenweibchen paaren sich selten, und wenn, dann stets mit mehreren Männchen.

Matto Barfuss beobachtete Maleika während der Zeit des Abschieds. Maleika merkt, dass sie ihre beiden Jungen Martha und Majet nun allein lassen kann. Sie sind in der Lage, für sich selbst zu sorgen. Doch Maleika verlässt sie nicht, Tag um Tag bleibt sie noch. Es ist das Löwenrudel in der Nähe, das sie vorsichtig sein lässt. Können sich ihre Sprösslinge wirklich schon allein gegen die Löwen durchsetzen? Maleika riskiert nichts. Sie hat Geduld, bleibt bei ihrem Nachwuchs und wartet so lange, bis das Löwenrudel weit genug weitergezogen ist.

Und wieder gibt es Junge

Jetzt zieht Maleika wieder allein durch die Savanne, genau wie ihre Tochter Martha. Die alte Gepardendame tut, was auch die jungen Gepardinnen tun: Sie jagen, sie fressen und sie wandern auf ihren Routen umher. Genauso die Gepardenmännchen. Und ab und zu kommt es, wie es kommen muss: Sie begegnen einander. Vermutlich sind bei diesen Begegnungen viele Pheromone im Spiel – Duftstoffe, über die Geparden sensible Informationen austauschen: Ist das Weibchen geschlechtsreif? Wann sind ihre fruchtbaren Tage? Kommen die Männchen überhaupt als Partner infrage? Weibchen werden meist im Alter ab zwei Jahren geschlechtsreif, Männchen brauchen etwas länger, etwa drei Jahre.

Oftmals müssen sich die unruhigen Gepardenmännchen einige Zeit gedulden, bis das Weibchen paarungsbereit ist. Bei Geparden gibt das Weibchen den Ton an: Sie entscheidet, wann die Zeit gekommen ist und welches Männchen sie erwählt. Nach einer Zeit des Umwerbens findet der Paarungsakt statt, wie bei vielen Katzenarten oft begleitet von einem sanften Nackenbiss. Die Paarungszeit dauert eine Woche. Bei Genuntersuchungen stellte sich heraus, dass bei etwa der Hälfte der Fälle die Jungen eines Wurfes verschiedene Väter hatten. Das sorgt bei so spezialisierten Tieren wie Geparden natürlich für die größtmögliche genetische Vielfalt. Aber vielleicht brauchen Gepardinnen auch einfach mehrere Männchen, um richtig in Stimmung zu kommen, weshalb möglicherweise die Nachzucht im Zoo so überaus schwierig ist. Man weiß es nicht genau, also lassen wir einer Gepardin wie Maleika ihre kleinen Geheimnisse.

Mitte 2016 wurde Maleika erneut trächtig. Natürlich reiste Matto Barfuss sofort in die Masai Mara, um sie zu besuchen. 90 Tage nach der Paarung bekommt Maleika mit 14 Jahren als stolze alte Gepardin noch einmal zwei Jungtiere, die sie mit Erfahrung und Gelassenheit aufzieht, bis diese selbstständig sind. Das ist eine Besonderheit, Geparden werden in der herben Landschaft der Serengeti selten älter als zehn, zwölf Jahre.

Heute ist Maleika eine wirklich alte Gepardendame. Ihr linker Reißzahn macht ihr Schwierigkeiten, was sie langsam bei der Jagd behindert. Vermutlich wird sie nicht mehr lange unter den Tieren der Savanne weilen. Doch in unseren Gedanken und vielleicht auch Träumen wird sie noch lange bei uns sein.

ZUM SCHUTZ DER GEPARDEN

Matto Barfuss gründete 1998 den gemeinnützigen Verein »Leben für Geparden e. V.« und 2015 die Stiftung »Go wild Botswana Trust«, die eng mit den zuständigen Ministerien in Botswana zusammenarbeitet.

Beide Organisationen betreiben ein Büro in Maun am Rande des Okavango-Deltas. Ein Mitarbeiter betreut Schulen und Farmer, die große Probleme mit Predatoren haben. Bisher wurden zahlreiche Schutzkrale für Farmer gebaut, um ihr Vieh und somit auch ihre Existenz vor den Wildtieren zu schützen. Zudem organisiert die Stiftung ein Wildlife-Bildungsprogramm, in dessen Rahmen bereits über 50 000 Wildlife-Schulbücher verteilt wurden, um die Kinder und ihre Familien besser über deren Lebensraum und die dort lebenden Wildtiere zu informieren.

Mit den Erlösen des Kinofilms *Maleika* wird die Initiative »Green Belt Botswana« unterstützt. »Green Belt Botswana« wird im Laufe der nächsten zehn Jahre eine rund zehn Meter breite und etwa 500 Kilometer lange Baumlinie mit arid-resistenten Bäumen pflanzen. Ziel ist ein nachhaltiger Schutz eines einmaligen Lebensraums in der Kalahari – für Menschen, Tiere und natürlich für Maleikas Artgenossen – die Geparden. Dieses Gebiet ist gleichzeitig Drehort eines weiteren großen Kinoprojektes von Matto Barfuss.

Die Initiative wird getragen von der Stiftung »Go wild Botswana Trust« und dem Verein »Leben für Geparden e. V.«, Achertalstraße 13, 77866 Rheinau, www.geparden.de, Tel. 07844- 911456.

EINE BITTE AN ALLE SAFARIREISENDEN

Sollten Sie auf Safari unterwegs sein und das seltene Glück haben, Geparden zu entdecken, genießen Sie den Augenblick. Aber bleiben Sie mit Abstand stehen und stören Sie die Tiere nicht. Bitte verlassen Sie auf keinen Fall die vorgeschriebenen Wege und weisen Sie Ihren Fahrer darauf hin, auf jeden Fall auf den Wegen zu bleiben.

In der heißen Sonne Afrikas zu jagen kostet die Tiere enorm viel Energie. Jeder abgebrochene Jagdversuch ist verschwendete Energie. Werden die Tiere beim Jagen durch Zuschauer gestört, verschwenden sie kostbare Reserven. Gleiches gilt, wenn die Tiere in ihrem Versteck ruhen. Zuschauer bedeuten Gefahr, der Gepard bricht seine Pause ab und zieht weiter, obwohl er noch nicht genügend Kraft dafür hat.

Und falls Sie Jungtiere im Gras entdecken, gilt auch hier: Bitte nicht stehen bleiben, denn damit locken Sie die Feinde der Geparden an! Viele Tiere der Serengeti haben inzwischen gelernt, dass es etwas Spannendes zu finden gibt, wenn mehrere Safarifahrzeuge stehen bleiben. Mit dieser Aufmerksamkeit werden die Feinde der kleinen Geparden auf sie aufmerksam – also Hyänen, Schakale oder auch Löwen – und dies bringt die Gepardenkinder in Gefahr. Generell gilt: Auch wenn wir Menschen die Tiere nicht sehen, die Tiere sehen möglicherweise uns, denn es ist ihr Lebensraum und sie besitzen schärfere Augen und feinere Nasen. Unterstützen wir diese faszinierenden Tiere in ihrem Kampf ums Überleben, indem wir Respekt zeigen und uns fernhalten!